Bibliografische Information der Deutschen Nationalbibliothek:

Die Deutsche Bibliothek verzeichnet diese Publikation in der Deutschen Nationalbibliografie; detaillierte bibliografische Daten sind im Internet über http://dnb.d-nb.de/ abrufbar.

Impressum:

Druck und Bindung: Books on Demand GmbH, Norderstedt Germany
ISBN: 9783640644858

Ron Klug

Der Kaukasus-Konflikt

Ethnische und nationale Konflikte in Entwicklungsländern

GRIN Verlag

Martin-Luther-Universität Halle/Wittenberg

Institut für Geographie

„Ethnische und nationale Konflikte
in Entwicklungsländern“

Der Kaukasus-Konflikt

vorgelegt von:
Ron Klug
LaG Geo/Deu

vorgelegt am: 13.07.2004

Gliederung

1. Einleitung

Mit dem sich durch Glasnost und Perestroika abzeichnenden Zerfall der Sowjetunion wurde ab Mitte der 80er Jahre immer offensichtlicher, dass es das „Sowjetvolk“ an sich, im Sinne einer ethnisch homogenen Herkunft und eines einheitlichen Staatsterritoriums, nicht gab. Nichtrussische Völker nutzten die neuen Freiheiten, um sich zunehmend auch öffentlich vom Sowjetischen bzw. Russischen zu distanzieren.[1]

Zum Ausdruck kam dies in einer Reihe nationaler Unabhängigkeitsbestrebungen, die teilweise friedlich verliefen, zum Beispiel in den baltischen Staaten, und teilweise schwerwiegende militärische Auseinandersetzungen mit der Zentralmacht in Moskau nach sich zogen. Die katastrophale Nationalitätenpolitik der Sowjetunion in der Kaukasus-Region forderte einen späten Tribut.[2] In dieser Region führte die „Souveränitätsparade“[3] zu umfangreichen Zerstörungen, unvorstellbaren Menschenrechtsverletzungen, großen Flüchtlingsbewegungen und politischen Spannungen, die auch heute noch den Status quo darstellen.

Im Vorfeld soll klargestellt werden, dass der Kaukasus-Konflikt erstens nicht nur aus einem singulären Konflikt besteht, sondern aus einem sehr komplexen Geflecht mit einer Vielzahl von Konflikten und zweitens erstreckt sich der Kaukasus-Konflikt nicht bzw. nicht nur auf den Kaukasus als Gebirge, sondern auf die gleichnamige Region, die neben anderen naturräumlichen Einheiten auch den Kaukasus mit einschließt.

Ziel dieser Hausarbeit soll sein, die Ursachen des Konfliktes aufzuzeigen. Aus diesem Grunde wird im folgenden Kapitel die Kaukasus-Region vorgestellt. Im dritten Kapitel werden die historischen Ausgangsbedingungen erläutert, die zum heutigen Zustand in der Region führten. Im vierten Kapitel wird eine Auswahl von Konflikten im Kaukasus nach dem Zerfall der Sowjetunion dargestellt. Eine abschließende Behandlung aller Konflikte kann an dieser Stelle nicht geleistet werden. Im fünften und letzten Kapitel werden in einem Fazit die Ursachen des Konfliktes zusammengefasst.

---

[1] Vgl. PIETZONKA, B. (1995): Ethnisch-territoriale Konflikte in Kaukasien. Eine politisch-geographische Systematisierung. Baden-Baden: Nomos Verl.-Ges., S. 145 u. 155.

[2] Vgl. HALBACH, U. (1995): Von Mansur zu Dudajew? Widerstandstraditionen der nordkaukasischen Bergvölker. In: Krisenherd Kaukasus. Uwe Halbach/Andrea Kappeler (Hrsg.). Baden-Baden: Nomos Verl. Ges., S. 200.

[3] HALBACH, U. (2003): Nordkaukasien – von Widerstand geprägt. In: Informationen zur politischen Bildung. Kaukasus-Region. Bonn: Erich Schmidt Verlag. S. 6.

2. Die Kaukasus-Region

2.1 Physische Gliederung

Die Kaukasus-Region wird im Norden von der Kuma-Manytsch-Senke, im Süden durch das Hochland von Armenien bzw. die zwischen Iran und Aserbaidschan verlaufende politische Grenze, im Osten durch das Kaspische Meer und im Westen durch das Schwarze Meer begrenzt.[4] Wie auf Abbildung 1 zu sehen ist, setzt sich die Kaukasus-Region aus fünf naturräumlichen Haupteinheiten zusammen.

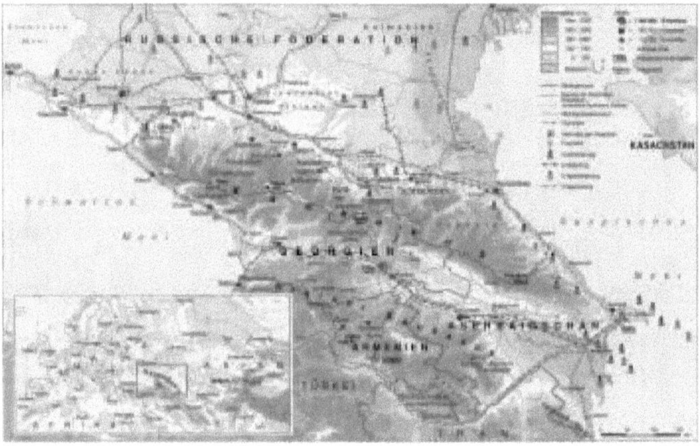

Abb.1: Die Kaukasus-Region physisch (Quelle: IPB. Kaukasus-Region 2003, S. 24)

Die erste Haupteinheit besteht aus dem nördlichen Kaukasusvorland. Darin eingeschlossen sind im weiteren Sinne die Kuban-Ebene, das Stawropoler-Plateau und das Kaspische Tiefland. Die zweite Haupteinheit besteht aus dem Großen Kaukasus, einem Bestandteil des in Nordwest-Südost Richtung streichenden kaukasischen Gebirgs-

---

[4] Vgl. PIETZONKA 1995, S. 26.

systems im Bereich der känozoischen europäisch-asiatischen Faltungszone.[5] Die höchste Erhebung im Großen Kaukasus ist der auf russischem Territorium liegende Elbrus mit 5.642 m Höhe. Die dritte Haupteinheit bildet die sich südlich an den Großen Kaukasus anschließende Transkaukasische Senke mit der Rioni-Niederung am Schwarzen Meer und dem Kura-Arax-Tiefland am Kaspischen Meer. Der kleine Kaukasus bildet die vierte Haupteinheit. Die fünfte Haupteinheit besteht aus dem Hochland von Armenien und der südlich von Eriwan liegenden Ararat-Ebene.[6]
Größere Flüsse sind der im Großen Kaukasus entspringende, durch das nördliche Kaukasusvorland verlaufende und ins Kaspische Meer mündende Terek sowie die im Kleinen Kaukasus entspringende und über die Transkaukasische Senke ebenfalls ins Kaspische Meer mündende Kura. Der Sewansee in Armenien zählt mit einer Fläche von 1.244 km² zu den größten Hochgebirgsseen der Welt.[7]

2.2 Klima

Die Kaukasus-Region liegt im Bereich des Westwindgürtels. Der nördliche Kaukasus wird von polaren Luftmassen bestimmt. Ein weiteres Vordringen dieser Luftmassen nach Süden wird jedoch durch den Großen Kaukasus verhindert, so dass Transkaukasien von tropischen Luftmassen beherrscht wird. Für die gesamte Region gilt eine von Westen nach Osten gerichtete Zunahme der thermischen und hygrischen Kontinentalität (siehe Abbildung 2).[8]
Der Nordkaukasus ist von dem deutlichen Gegensatz zwischen Winterkälte und sommerlicher Erwärmung gekennzeichnet. Der jährliche Witterungsgang wird natürlich entscheidend von der Höhenlage beeinflusst. Die zwischen Großem und Kleinem Kaukasus in Nord-Süd-Richtung verlaufende Suram-Kette bedingt in der zum Schwarzen Meer geöffneten Rioni-Niederung eine relative Wärmegunst mit zum Teil

---

[5] Vgl. PAFFENGOLZ, K.-N. u. P.D. GAMKRELIDSE (1963): Tektonik des Kaukasus.In: Geologischer Abriss des Kaukasus. hrsg. v. Geotektonischen Institut der Deutschen Akademie der Wissenschaften zu Berlin Heft 5/6. Berlin: Akademie Verlag. S. 172 ff.
[6] Vgl. STADELBAUER, J. (1995): Die Krisenregion Kaukasien: Geographische, ethnische und wirtschaftliche Grundlagen. In: Krisenherd Kaukasus. Uwe Halbach/Andrea Kappeler (Hrsg.). Baden-Baden: Nomos Verl. Ges., S. 15.
[7] DIERCKE Länderlexikon (1999). Braunschweig: Westermann. S. 72.
[8] Vgl. PIETZONKA 1995, S. 26.

immergrüner Vegetation. Die östliche, auf der Leeseite der Suram-Kette liegende Kura-Arax-Niederung, weist bereits Steppen- und Halbwüstencharakter auf. Nur im Tiefland von Lenkoran, gelegen im Südosten des Kura-Arax-Tieflandes im Luv des Talysch-Gebirges, tritt noch subtropisches Klima auf.[9]

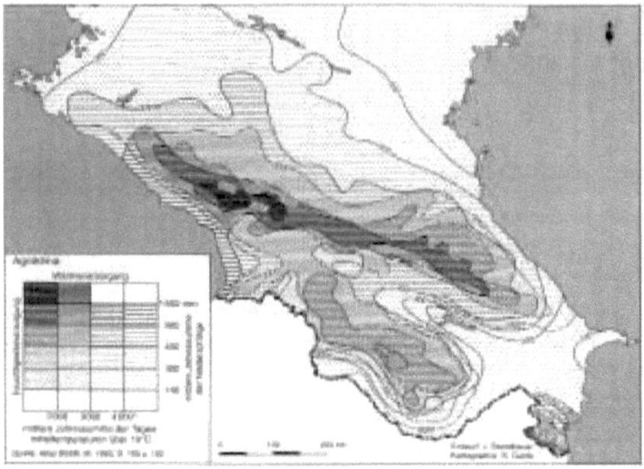

Abb.2: Die Kaukasus-Region klimatisch (Quelle: STADELBAUER 1995, S. 18)

2.3 Bodenschätze

Zu den wichtigsten Bodenschätzen in der Kaukasus-Region gehören Erdöl und Erdgas. Im Kaspischen Raum werden nach Schätzungen maximal 34 Milliarden Barrel vermutet. Das Vorkommen ist also fast so hoch wie das von Nordsee (22 Mrd. Barrel) und USA (17 Mrd. Barrel) zusammen.[10]

Größere Erdölvorkommen gibt es im Kubangebiet, in Tschetschenien, in Aserbaidschan sowie unter dem Meeresboden des Kaspischen Meeres (siehe Abbildung 3). Im Westen Georgiens gibt es größere Kohle-, Baryt- und Marmorvorkommen. Im Bereich des Kleinen Kaukasus existieren Eisenerz- und Buntmetallerzlagerstätten.

[9] Vgl. PIETZONKA 1995, S. 33.

[10] KRECH, H. (Hrsg.). (2002): Der Zweite Tschetschenien-Krieg (1999-2002). Ein Handbuch. Berlin: Köster. (Bewaffnete Konflikte nach dem Ende des Ost-West-Konfliktes; Bd. 11). S. 15.

Kupferlager befinden sich im südlichen Armenien und Aluminium- und Eisenvorkommen im Westen Aserbaidschans.

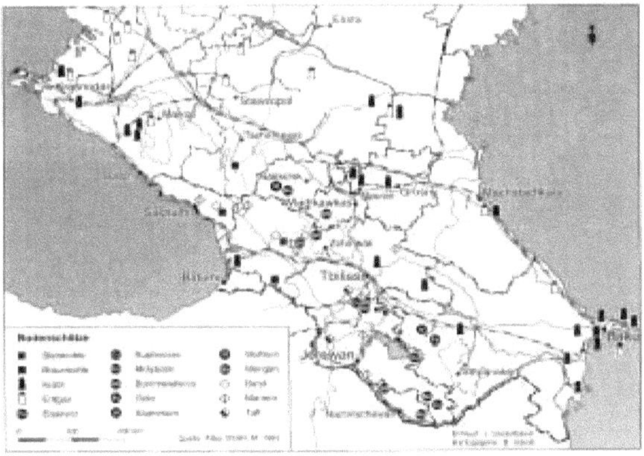

Abb.3: Bodenschätze in der Kaukasus-Region (Quelle: STADELBAUER 1995, S. 22)

2.4 Politische Gliederung

Die Region Nordkaukasien besteht aus sieben Teilrepubliken, die politisch zur Russischen Föderation gehören (siehe Abbildung 4). Die Republiken sind nach den jeweiligen nichtrussischen Titularnationalitäten benannt: Adygien, Karatschai-Tscherkessien, Kabardino-Balkarien, Nordossetien-Alanien, Inguschetien, Tschetschenien und Dagestan. Insgesamt leben in diesen Republiken 6,5 Mio. Menschen. Weiterhin gehören zum Nordkaukasus die südrussischen Gebietseinheiten Krasnodar (5,1 Mio. Einwohner), Stawropol (2,7 Mio. Einwohner) und Rostow (2,7 Mio. Einwohner). Mit den sieben Republiken bilden diese drei Gebietseinheiten den südlichen Föderalbezirk Russlands. Die Gesamtbevölkerung beträgt ca. 17 Mio. Menschen.[11]

[11] Vgl. HALBACH 2003, S. 3.

Die Region Südkaukasus setzt sich aus den drei unabhängigen Republiken Armenien, Aserbaidschan und Georgien zusammen. Armenien ist mit 29.740 km² so groß wie Brandenburg und hat 3,2 Millionen Einwohner. Die Hauptstadt ist Eriwan. Armenien hält Berg-Karabach, die Exklave armenischer Siedler auf aserbaidschanischem Territorium, militärisch besetzt. In Aserbaidschan leben 8,2 Millionen Menschen. Mit 86.600 km² ist es ca. doppelt so groß wie Niedersachsen. Die Hauptstadt ist Baku. Des Weiteren gehört die Exklave Nachitschewan zu Aserbaidschan.[12]

Abb.4: Politische Gliederung der Kaukasus-Region (Quelle: IPB. Kaukasus-Region 2003, S.1)

Die Hauptstadt Georgiens ist Tiflis. Auf georgischem Territorium befinden sich die abtrünnigen Gebiete Abchasien, Adscharien und Südossetien. Das Land hat 5,2 Millionen Einwohner und ist mit 69.700 km² so groß wie Bayern. Die Gesamtbevölkerung im Südkaukasus beträgt also 16,6 Millionen Menschen.[13]

[12] Vgl. AUCH, E.-M. (2003): Südkaukasien – Staaten mit Territorialkonflikten. In: Informationen zur politischen Bildung. Kaukasus-Region. Bonn: Erich Schmidt Verlag. S. 10 ff.
[13] Ebd. S. 16.

2.5 Religionen

In der Kaukasus-Region sind hauptsächlich die zwei großen Religionen Christentum und Islam in ihren unterschiedlichen Richtungen vertreten (siehe Abbildung 5). Das Christentum ist in Armenien, Georgien und den Regionen Krasnodar und Stawropol die am meisten verbreitete Religion. Der Islam dagegen ist in allen sieben Republiken des Nordkaukasus und in Aserbaidschan die dominierende Religion. Die Bevölkerung in den Regionen Krasnodar und Stawropol ist Anhänger der russisch-orthodoxen Kirche. In Armenien ist die armenisch-gregorianische Kirche verbreitet und in Georgien die georgisch-orthodoxe Kirche. Die Moslems in den Republiken des Nordkaukasus sind überwiegend sunnitische Muslime.

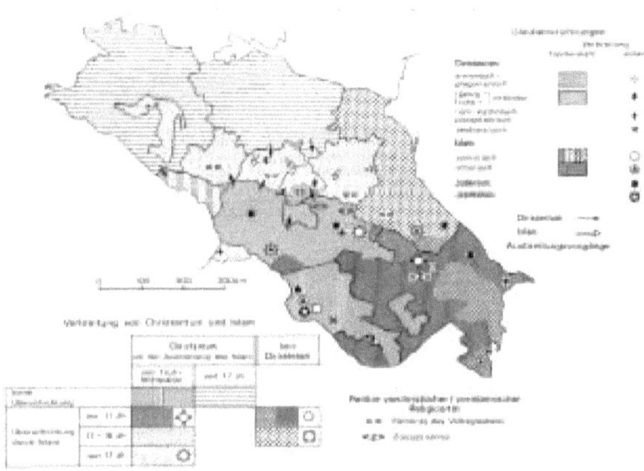

Abb.5: Religionen in der Kaukasus-Region (Quelle: STADELBAUER 1995, S. 35)

Die Bevölkerung Abchasiens und Adschariens sind ebenfalls Sunniten. Die muslimische Bevölkerung in Aserbaidschan ist zu 75% schiitisch und zu 25% sunnitisch.[14]

[14] Vgl. PIETZONKA 1995, S. 33.

Neben dem „offiziellen Islam“ spielt der „inoffiziellen Islam“ im östlichen Nordkaukasus, speziell in Tschetschenien und Dagestan, eine wichtige Rolle. Staatlich nicht anerkannte Organisationen haben sich der Kontrolle der religiösen Verwaltung entzogen und formieren sich in Sufi-Bruderschaften, die einen sehr konservativen Islam vertreten.[15]

In den schwer zugänglichen Bergregionen der nördlichen Kaukasusrepubliken existieren außerdem noch Elemente des vorchristlichen Volksglaubens. Im nördlichen Armenien und im östlichen und südlichen Kaukasus gibt es vereinzelte Zentren des Judentums.

2.6 Ethnische Gliederung

Die Kaukasus-Region weist eine sehr hohe ethnische Vielfalt auf und gehört damit zu den ethnisch am stärksten differenzierten Gebieten der Erde. Nach dem Hauptkriterium Sprache lassen sich über 60 verschiedene Völker in der Kaukasus-Region unterscheiden.[16]

Dies ist zum einen die Folge der Kleinräumigkeit und Abgeschiedenheit der Bergregionen, in deren schwer zugänglichen Bergtälern sich zahlreiche Völker herausbilden konnten und zum anderen das Ergebnis der durch den äußeren Druck fremder Mächte ausgelösten innerkaukasischen Wanderungen und Zuwanderungen aus nicht-kaukasischen Gebieten.[17]

Die höchste ethnische Homogenität weist Armenien mit einem Bevölkerungsanteil der Armenier von über 96% auf.[18] Die größte ethnische Heterogenität besitzt Dagestan mit über 30 verschiedenen Volksgruppen, die eine eigene Sprache sprechen.[19]

Die kaukasische Bevölkerung gehört drei großen Sprachfamilien an (siehe Abbildung 6). Die kaukasische Sprachfamilie besteht aus autochthonen kaukasischen Völkern und untergliedert sich in die west-, süd- und ostkaukasische Gruppe. Zur westkaukasischen

[15] Vgl. PIETZONKA 1995, S. 61.
[16] Vgl. STADELBAUER 1995, S. 33.
[17] Vgl. HALBACH 2003, S. 4-5.
[18] ERDMANN, K.-H. u. T. HECKEL. (2003): Armenien. In: Geographische Rundschau. 55. Jg., H. 9, S. 63.
[19] HALBACH 2003, S. 4.

Gruppe gehören Abchasen, Adygier, Tscherkessen und Kabardiner. Zur süd-kaukasischen Gruppe gehören die Georgier. Tschetschenen, Inguschen und die dagestanische Gruppe gehören zur nachischen bzw. ostkaukasischen Gruppe.[20]

Abb.6: Ethnien in der Kaukasus-Region (Quelle: IPB. Kaukasus-Region 2003, S. 4)

Zur indoeuropäischen Sprachfamilie gehören die armenische, griechische, iranische und slawische Gruppe. Die iranische Gruppe besteht aus Kurden, Osseten, Taten, Bergjuden und Talyschen. Die altaiische Sprachfamilie ist im Kaukasus mit der türkischen Gruppe vertreten und setzt sich aus Aserbaidschanern, Balkaren, Karatschaiern und Kumyken zusammen.[21]

Wie auf Abbildung 6 zu sehen ist, sind die Völker der altaiischen Sprachfamilie überwiegend in der nordöstlichen und südöstlichen Kaukasus-Region vertreten. Die Mehrheit der indoeuropäischen Sprachfamilie, also Russen und Osseten, dominieren im Nordkaukasus. Lediglich die Armenier und eine kurdische Minderheit siedeln im Südkaukasus. Die Angehörigen der kaukasischen Sprachfamilie besiedeln den Nordosten und Nordwesten der Kaukasus-Region. Im Südkaukasus ist die kaukasische Sprachfamilie nur durch die Georgier vertreten. In vielen Regionen besteht eine Verflechtung und Überlagerung der Siedlungsgebiete mit Völkern unterschiedlicher ethnischer Herkunft. So sind in Aserbaidschan Völker altaiischer, aber auch

[20] Vgl. PIETZONKA 1995, S. 54 ff.
[21] Ebd. S. 55.

indoeuropäischer Abkunft zu finden. In Georgien siedeln Völker kaukasischer und indoeuropäischer Herkunft. Im Nordkaukasus jedoch bildet das Nebeneinander von Völkern aller Sprachfamilien ein „ethnisches Mosaik“ und liefert gleichzeitig den Hinweis auf eine ereignisreiche Historie.

3. Historische Ausgangsbedingungen

3.1 Historie bis zum 18. Jahrhundert

Die Kaukasus-Region gehört zu den ältesten Siedlungsgebieten der Erde. Höhlenwohnstätten in der Rioni-Niederung und in der Umgebung von Tiflis zeugen von einer paläolithischen Besiedlung.[22] Im dritten Jahrtausend vor Christus traten in Kaukasien bereits hoch entwickelte Kulturen wie zum Beispiel die Kura-Arax-Kultur oder die Trialeti-Kultur auf.[23] Im 13. Jhd. v. Chr. existierte an der georgischen Schwarzmeerküste ein Staat, den die Griechen Kolchis nannten. Im 6. Jhd. v. Chr. unterlag diese Region der Hellenisierung. Zu frühen Staatenbildungen kam es im 4. Jhd. v. Chr. in Georgien und Armenien. Ab dem 4. Jhd. n. Chr. wurde die Kaukasus-Region Missionsgebiet des Christentums.[24] In Armenien kam es unter König Tiridates III. zwischen 287-330 n. Chr. zur Annahme des Christentums. Armenien war damit der erste Staat der Erde, der das Christentum zur Staatsreligion erklärte.[25] Durch die Eroberung der Araber gehörte Kaukasien seit dem 8. Jhd. zur nördlichen Peripherie des Islams. Die Religion verbreitete sich schrittweise von Dagestan im östlichen Kaukasus ausgehend über die gesamte kaukasische Region. Die nordkaukasischen Gebiete waren meist Bestandteil größerer Staatenbildungen. So gehörte der Nordkaukasus im 7.-9. Jhd. zum Chazarischen Chanat, im 13.-15. Jhd zur tatarisch-mongolischen Eroberung und im 15.-18 Jhd. zum Krim-Chanat. Transkaukasien war vom 16.-18. Jhd. von einem Schlagabtausch zwischen Osmanischem Reich und Persischem Reich um die Vorherrschaft in der Region bestimmt (siehe Abbildung 7).[26]

Wie auf Abbildung 7 zu sehen ist, kam es vom 16.-18. Jhd. zwischen dem Osmanischen Reich und dem Persischen Reich zu weiträumigen Grenzverschiebungen.

---

[22] PIETZONKA 1995, S. 33.

[23] AUCH, E.-M. u. U. HALBACH (2003): Der Kaukasus als politische Parzellenlandschaft. In: Informationen zur politischen Bildung. Kaukasus-Region. Bonn: Erich Schmidt Verlag. S. 2-3.

[24] Vgl. PAITSCHADSE, D. (1995): Bemerkungen zur Geschichte Georgiens bis 1921. In: Krisenherd Kaukasus. Uwe Halbach/Andrea Kappeler (Hrsg.). Baden-Baden: Nomos Verl. Ges., S. 52 ff.

[25] DIERCKE Länderlexikon 1999, S. 72.

[26] PIETZONKA 1995, S. 27 u. 34 ff.

Abb.7: Osmanen und Perser 16.-18. Jhd. (Quelle: Dumont: Atlas der Weltgeschichte 2000, S. 231)

Die rote Grenzlinie stellt die maximale Ausdehnung des Persischen Reiches um 1512 dar und die braune Grenzlinie die Ausdehnung des Osmanischen Reiches auf dem Höhepunkt seiner Macht um 1736.
Unter osmanischem Einfluss wurde die Islamisierung des Kaukasus weiter vorangetrieben. So übernahmen beispielsweise Abchasier und Adscharen, die an der östlichen Schwarzmeerküste siedeln und ursprünglich christlich Glaubens waren, den Islam.[27]

3.2 Die Zeit der Russischen Expansion

Ab dem 18. Jhd. bemühte sich das Russische Reich als dritte Großmacht verstärkt um den Einfluss in der Kaukasus-Region. Die Unterwerfung der nordkaukasischen Völker erwies sich jedoch als schwierig. Die schwer zugänglichen Bergregionen und ihre

[27] Vgl. WAHL, D. (1999): Lexikon der Völker Europas und des Kaukasus. Rostock: Meridian. S. 29-30.

schmalen Passstraßen bereiteten der zaristischen Armee zahlreiche Niederlagen. Erst unter Katharina II. (1729-1796) gelang es dem Russischen Reich, die Kabardei zu erobern. Die Kaukasus-Region wurde in der Folgezeit schließlich Schritt für Schritt „russifiziert“.[28]

Eine Hauptrolle bei der Eroberung und Erschließung der Kaukasus-Region spielten die Kosaken. Sie stellten einen Großteil der ussischen Expansionsarmee und gründeten in den unterworfenen Gebieten Kolonien.[29]

Einen wichtigen administrativen Einschnitt in die Kaukasus-Region bedeutete der Vertrag von Turkmentschai im Jahr 1828. Dieser Vertrag beendete den russisch-persischen Krieg mit dem Ergebnis, dass Aserbaidschan am Verlauf des Arax in einen nördlichen russischen Teil und einen südlichen persischen Teil aufgeteilt wurde.[30]

Die erste Etappe der Russischen Expansion im Südkaukasus fand somit ein Ende und schloss auch Georgien mit ein. Der Widerstand gegen die Russische Expansion im Nordkaukasus hielt allerdings unvermindert an. Mansur Uschurma kämpfte mit den vereinigten Bergvölkern 1784-1791 im „ghasawat“, dem islamisch motivierten Widerstandskrieg, gegen die Eroberer.[31]

Die wichtigste Widerstandsperiode waren jedoch die „Muridenkriege“ von 1824-1859. Unter Imam Schamil kämpften die östlichen Kaukasusvölker jahrzehntelang erfolgreich gegen das Russische Reich in einem „David-Goliath-Verhältnis“. Große Heeresteile der russischen Armee wurden dadurch über lange Zeit im Kaukasus gebunden. Auch die Tscherkessen im westlichen Kaukasus behaupteten sich mit Erfolg. Doch im Jahr 1859 musste Imam Schamil schließlich kapitulieren und auch die Tscherkessen wurden 1864 als letztes kaukasisches Volk unterworfen.[32]

Abbildung 8 veranschaulicht die Expansion des Russischen Reiches in der Kaukasus-Region. Das nördliche Kaukasusvorland war schon seit Ende des 18. Jhd. Bestandteil des Russischen Reiches. Frühe Eroberungen waren auch Georgien um 1801 bzw. Aserbaidschan 1804-1806. Relativ späte Eroberungen waren die Gebiete des nördlichen Kaukasus mit Dagestan 1859 und Tscherkessien 1864.

---

[28] PIETZONKA 1995, S. 40.
[29] Vgl. HALBACH 1995, S. 204.
[30] Weltatlas der alten Kulturen. (1984): Der Islam. 2. Aufl., München: Christian Verl., S. 130.
[31] HALBACH 1995, S. 198 u. 205.
[32] Ebd. S.207.

Die Region um Kars wurde 1878 nach dem Ende des russisch-türkischen Krieges annektiert. Das Osmanische Reich musste die Gebiete Kars und Ardahan an Russland

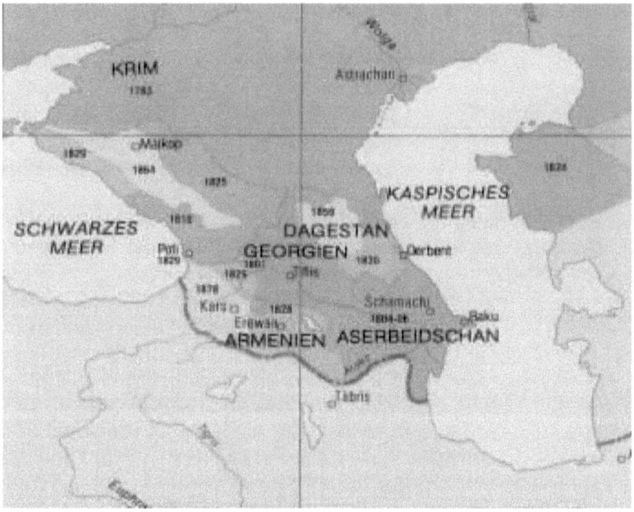

Abb.8: Die Russische Expansion (Quelle: Weltatlas der alten Kulturen, 1984, S. 130)

abtreten. Die aufstrebende Unabhängigkeitsbewegung der christlichen Armenier in Ostanatolien auf türkischem Territorium, unterdrückten die Türken mit einem Massaker an der armenischen Bevölkerung, bei dem über 300.000 Menschen umkamen. Im Jahr 1915 kam es im Zuge des 1. Weltkrieges zu einem weiteren Genozid an dem armenischen Volk durch die Türken, der schätzungsweise 1,5 Mio. Armenier das Leben kostete.[33]

[33] Vgl. ERDMANN u. HECKEL 2003, S. 61 u. 63.

3.3 Die Sowjetisierung der Kaukasus-Region

Nach dem Ende der Zarenherrschaft 1917 kam es in der Kaukasus-Region zu kurzlebigen Staatenbildungen. 1918 wurden im Nordkaukasus das Imamat der Bergvölker, im westlichen Kaukasus die Nordkaukasische Föderative Republik und 1919 im östlichen Kaukasus das Nordkaukasische Emirat gegründet. Anfangs gewährten die Sowjets den Bergvölkern umfangreiche Freiheiten und Rechte. So wurden beispielsweise die Ausübung der religiösen Praxis und die Unterrichtung in Schulen in der Muttersprache geduldet. Doch gegen Ende der zwanziger Jahre griffen die Sowjets immer mehr in die Kultur- und Lebensverhältnisse der Bergvölker ein. Lokale Rechts- und Verwaltungsorgane sowie islamische Bildungs- und Rechtsinstitutionen wurden beseitigt. Im Jahr 1928 wurde die Kollektivierung der Landwirtschaft eingeführt, die mit Zwangsumsiedlungen der Völker von Berg- in Talregionen einherging und sicherlich den härtesten Eingriff in das Leben der nordkaukasischen Bevölkerung darstellte.[34]

Auch im Südkaukasus kam es infolge der Oktoberrevolution, welche die russischen Kräfte vorübergehend gelähmt hatte, zu Staatenbildungen. So wurde mit Hilfe britischer Truppen am 28.05.1918 die unabhängige bürgerliche Republik Aserbaidschan ausgerufen. Am 28.04.1920 wurde jedoch nach einem bolschewistischen Aufstand die Aserbaidschanische Sowjetrepublik gegründet.[35]

Armenien erklärte sich ebenfalls am 28.05. 1918 zur unabhängigen Republik. Doch nach dem Einmarsch der Roten Armee 1922 wurde auch Armenien eine Sowjetrepublik. Die Türkei und Russland einigten sich 1921 über den bis heute gültigen Grenzverlauf zwischen Armenien und der Türkei, wobei Armenien den Zugang zu seinem Nationalsymbol, dem Ararat, verlor. Auf Anordnung des Moskauer Zentrums fielen Nachitschewan und das mehrheitlich von Armeniern besiedelte Berg-Karabach an Aserbaidschan.[36] Diese schwerwiegende Entscheidung legte den Grundstein für einen blutigen nationalen Konflikt zwischen Armenien und Aserbaidschan.

---

[34] HALBACH 2003, S. 5.

[35] Vgl. ERDMANN, K.-H. u. T. HECKEL. (2002): Aserbaidschan. In: Geographische Rundschau. 54. Jg., H. 10, S. 60.

[36] Vgl. ERDMANN u. HECKEL 2003, S. 63.

Georgien erklärt am 26.05.1918 seine staatliche Unabhängigkeit von Russland. Doch auch Georgien wurde 1921 unter dem Einfluss der Sowjets eine Sowjetische Republik.[37]

Von 1922-1936 wurden Armenien, Aserbaidschan und Georgien zur Transkaukasischen Föderativen Sowjetrepublik zusammengefasst. Ab 1936 wurden alle drei Staaten in eigenständige Sowjetrepubliken innerhalb der Sowjetunion gewandelt.[38]

3.4 Stalins Nationalitätenpolitik

Stalin besaß schon vor seinem Machtantritt in der Sowjetunion einen entscheidenden Einfluss auf die sowjetische Politik, denn von 1917-1923 war er Volkskommissar für Nationalitätenfragen.[39]

So wurden beispielsweise künstliche, binationale Gebietseinheiten geschaffen, wie Kabardino-Balkarien und Karatschai-Tscherkessien. In diesen neuen Republiken wurden die miteinander verwandten, zur kaukasischen Sprachfamilie zählenden Kabardiner und Tscherkessen und die turksprachigen Karatschaier bzw. Balkaren voneinander getrennt und zwangsweise mit dem jeweils nicht verwandten Volk administrativ zusammengeführt. Durch diese „Verklammerung" von Tal- und Bergvölkern waren ethnische Spannungen vorprogrammiert.[40]

Des Weiteren kam es zu „fragwürdigen nationalen Abgrenzungen", wobei ethnisch definierte Autonome Republiken und Autonome Gebiete aus dem Völkermosaik der Kaukasus-Region regelrecht „herausgestanzt" wurden.[41]

Die Status-Hierarchie in der Sowjetunion bestand aus Sowjetrepubliken (SR), Autonomen Sozialistischen Sowjetrepubliken (ASSR), Autonomen Gebieten (AG) und

---

[37] Vgl. ERDMANN, K.-H. u. D. BERNHAGEN. (2001): Georgien. In: Geographische Rundschau. 53. Jg., H. 11, S. 63.

[38] Vgl. ERDMANN u. HECKEL 2002, S. 60.

[39] Vgl. BUGAJ, N.-F. (1995): Die stalinistischen Zwangsumsiedlungen kaukasischer Völker und ihre Konsequenzen. In: Krisenherd Kaukasus. Uwe Halbach/Andrea Kappeler (Hrsg.). Baden-Baden: Nomos Verl. Ges., S. 222.

[40] Vgl. HALBACH 2003, S. 4.

[41] Ebd. S. 4.

Autonomen Bezirken bzw. Nationalen Kreisen (AK). Den höchsten Hierarchiestatus hatten die Unionsrepubliken (SR) inne. Sie galten nach sowjetischem Recht als souverän, hatten eine eigene Verfassung und ihr Territorium durfte ohne Zustimmung nicht verändert werden. Den Unionsrepubliken (SR) unterstanden die Autonomen Republiken (ASSR). Die ASSR war in jedem Fall Bestandteil einer SR mit eigener Verfassung. Auch das Territorium einer ASSR durfte ohne ihre Zustimmung nicht verändert werden. Das Autonome Gebiet (AG) untersteht ebenfalls einer SR. Jedoch wird das AG als ein von einer bestimmten Nationalität bewohntes Territorium definiert, wobei also die ethnische Komponente eine Berücksichtigung finden soll. Der Autonome Bezirk bzw. Nationale Kreis untersteht einem AG oder einer Region. Auch der Autonome Bezirk wird als Siedlungsgebiet einer bestimmten Nationalität definiert.[42]

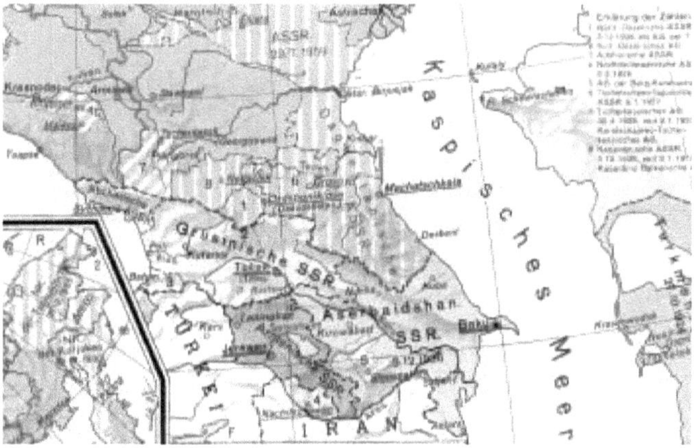

Abb.9: Die politische Gliederung der Kaukasus-Region ab 1936 (Quelle: Großer Historischer Weltatlas 1981, S. 77)

Wie auf Abbildung 9 zu sehen ist, wurde Berg-Karabach als AG der überwiegend armenischen Bevölkerung im Bestand der Aserbaidschanischen SR eingerichtet.

[42] Vgl. STEINBERGER, N. u. H. GÖSCHEL. (Hrsg.). (1979): Die Union der Sozialistischen Sowjetrepubliken. Ein Handbuch. 2. Aufl., Leipzig: VEB Bibliographisches Institut. S. 23 ff.

Eventuelle Unabhängigkeitsbestrebungen der Berg-Karabachen und ein Anschluss an Armenien waren somit von vornherein zum Scheitern verurteilt, denn die Grenzen einer SR durften ja laut Festlegung ohne deren Zustimmung nicht geändert werden. Dass Aserbaidschan die Zustimmung zur Änderung der Grenzen seines Territoriums freiwillig gibt, ist unwahrscheinlich. Ebenso verhält es sich mit Georgien. Im Bestand der Georgischen SR wurden die ASSR Abchasien, die ASSR Adscharien und das AG Südossetien eingerichtet. Auch hier geschah die Statuszuweisung wohlüberlegt. Die Abchasen, Adscharen und Osseten in Georgien bekamen zwar scheinbare Autonomie zugestanden, doch waren Loslösung und Unabhängigkeit von der SR Georgien faktisch ausgeschlossen. Der Russischen SR unterstanden die ASSR Nordossetien, Kabardino-Balkarien, Dagestan, Tschetscheno-Inguschien und die AG Adygien und Karatschai-Tscherkessien. Eine Herauslösung der autonomen Gebietseinheiten aus der Russischen SR war im Prinzip nicht vorgesehen und sollte, wie am Beispiel Tschetscheniens, Jahrzehnte später einen schwerwiegenden nationalen Konflikt nach sich ziehen.

Ein weiteres Instrument zur Beherrschung des Kaukasus war die Deportation ganzer Völker. Schon kurz nach Errichtung der Sowjetmacht in der nördlichen Kaukasus-Region, also ab 1918, wurden Kosaken aus dem nördlichen Kaukasusvorland deportiert. Das Kosakenland wurde den Bergvölkern, Tschetschenen, Inguschen und Tscherkessen zugeschlagen, in der Hoffnung sie für die sozialistische Revolution gewinnen zu können und damit kontrollierbar zu machen.[43]

Ein weiterer harter Eingriff in das ethnische Gefüge der Kaukasus-Region waren die von Stalin verordneten Deportationen kaukasischer Völker in den Jahren 1943 und 1944. Grund für die Deportationen waren der Vorwurf der Kollaboration mit den Deutschen und die Sicherung bzw. Säuberung der sowjetischen Südgrenze von den als unzuverlässig eingestuften Kaukasusvölkern. Im November 1943 begann die Deportation von 70.000 Karatschaiern nach Kasachstan. Im Februar 1944 erfolgte die Deportation von 380.000 Tschetschenen und 91.000 Inguschen. Im März 1944 wurden 37.000 Balkaren deportiert.[44]

Die bis zu Beginn der Deportationen bestehenden Staatsbildungen wurden aufgelöst. Jeglicher Hinweis auf die ehemals wohnhafte Bevölkerung wurde ausgelöscht. So

[43] Vgl. BUGAJ 1995, S. 218 ff.
[44] Vgl. HALBACH 2003, S. 5-6.

wurden Orte umbenannt, Archive vernichtet und Baudenkmäler gesprengt. Die bevölkerungsfreien Gebiete wurden den Nachbarregionen zugesprochen.[45]

Nach Stalins Tod wurden die deportierten Völker rehabilitiert und durften ab 1957 wieder in ihre ehemaligen Siedlungsgebiete zurückkehren. Dabei entstand neues Konfliktpotential, denn die Deportierten sahen sich bei ihrer Rückkehr in ihre Heimat mit den Ansprüchen der neuen Siedler, denen die Gebiete der Deportierten zugesprochen worden waren, konfrontiert.[46]

[45] Vgl. PIETZONKA 1995, S. 83 ff.
[46] Vgl. HALBACH 2003, S. 6.

4. Konflikte nach Auflösung der Sowjetunion

Sei dem Beginn von Glasnost und Perestroika unter Michail Gorbatschow ab 1985 waren der Unabhängigkeitsprozess und die Herauslösung aus dem Verbund der Sowjetunion für die drei südkaukasischen Staaten nur noch eine Frage der Zeit. Obwohl es in Tiflis und Baku zu mehreren, räumlich begrenzten, blutigen Zusammenstößen zwischen Demonstranten und der Ordnungsmacht kam, gelang den ehemaligen Republiken der Sowjetunion, die den Status einer Unionsrepublik trugen, letztendlich die Loslösung von der Zentralmacht in Moskau. So erklärten Armenien am 21.09.1991, Aserbaidschan am 30.08.1991 und Georgien am 09.04.1991 ihre staatliche Unabhängigkeit.[47]

Mit der Bildung der Gemeinschaft unabhängiger Staaten (GUS) am 21.12.1991 hörte die Sowjetunion auf zu existieren. Die autonomen Republiken der ehemaligen Russischen Sozialistischen SR, also auch alle nordkaukasischen Republiken, verblieben als Teilrepubliken im Bestand der Russischen Föderation und erhielten keine staatliche Souveränität. Insgesamt umfasst die Russische Föderation 21 solcher Republiken, von denen lediglich Tschetschenien und Tatarstan den Föderationsvertrag nicht unterschrieben.[48]

Das Erbe der historischen Entwicklungen, der politisch-administrativen Eingriffe und die unterschwellig vorhandenen Spannungen zwischen den verschiedenen Ethnien in der Kaukasus-Region sind mit dem Zerfall der Sowjetunion offen hervorgetreten. Einer der ersten Konflikte, der das nahe Ende andeutete, war der Konflikt um Berg-Karabach im Jahr 1988.

[47] Vgl. RUGE, R. (1996): Humanitäre Aspekte und Prävention von Konflikten im Transkaukasus. In: Lebens- und Konfliktraum Kaukasien. Eva Maria Auch (Hrsg.), Kiel: Edition Barkau, S. 190 ff.

[48] SPIEGEL ALMANACH. (2000): Weltjahrbuch 2000. Hamburg: Spiegel-Buchverlag. S. 441 ff.

4.1 Berg-Karabach

Das Gebiet Berg-Karabach befindet sich auf aserbaidschanischem Territorium und besaß den Status eines Autonomen Gebiets. Im Jahr 1989 lebten 189.000 Menschen in Berg-Karabach, wovon ca. 75% armenischer Abstammung waren.[49]
Berg-Karabach bildet somit eine christliche Enklave auf muslimischem Gebiet, auf das Armenien als auch Aserbaidschan Gebietsansprüche erheben (siehe Abbildung 10).[50]

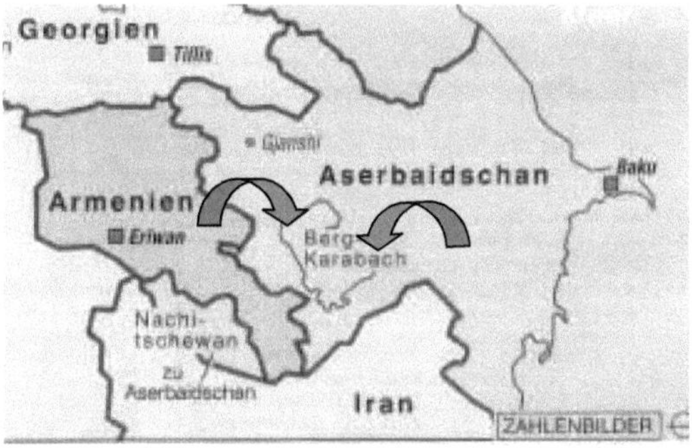

Abb.10: Berg-Karabach (Quelle: IPB 2003. Kaukasus Region, S. 1)

Am 20. Februar wandte sich der Oberste Sowjet Berg-Karabachs mit der Bitte an Moskau, das autonome Gebiet an Armenien zu übergeben. Begleitet wurde dies mit Demonstrationen in Stepanakert, der Hauptstadt Berg-Karabachs. Am 01.12.1989 wurde die Wiedervereinigung mit Armenien ausgerufen, worauf zahlreiche Aktionen der aserbaidschanischen Regierung wie Verhaftungen, außergerichtliche Erschießungen und die Deportation armenischer Bevölkerungsteile erfolgten.[51]
Am 02.09.1991 erklärte Berg-Karabach seine Unabhängigkeit von Aserbaidschan. Die Regierung in Aserbaidschan reagierte darauf mit der Aufhebung des Autonomiestatus

[49] PIETZONKA 1995, S. 121.
[50] Vgl. SWIETOCHOWSKI, T. (1995): Der Streit um Berg-Karabach. Geographie, ethnische Gliederung und Kolonialismus. In: Krisenherd Kaukasus. Uwe Halbach/Andrea Kappeler (Hrsg.). Baden-Baden: Nomos Verl. Ges., S. 161.
[51] Vgl. SOLJAN, S. (1995): Entstehungsgeschichte und aktuelle Probleme des Karabach-Konflikts. In: Krisenherd Kaukasus. Uwe Halbach/Andrea Kappeler (Hrsg.). Baden-Baden: Nomos Verl. Ges., S. 152 ff.

von Berg-Karabach. Dies wiederum diente Armenien als Anlass für eine militärische Intervention. Armenien eroberte mit Unterstützung Russlands, das aus wirtschaftspolitischen Gründen an einer Destabilisierung der Region interessiert ist, die aserbaidschanischen Gebiete in der Umgebung von Berg-Karabach. Die Zahl der Kriegsopfer wird auf maximal 50.000 und die Zahl der Flüchtlinge auf 785.000 Menschen geschätzt.[52]

Am 24.05.1994 kam es zu einem Waffenstillstand. Seitdem ist die Grenze zwischen Armenien und Aserbaidschan geschlossen und alle politischen Beziehungen sind unterbrochen. Dieser Zustand hält bis heute an.[53]

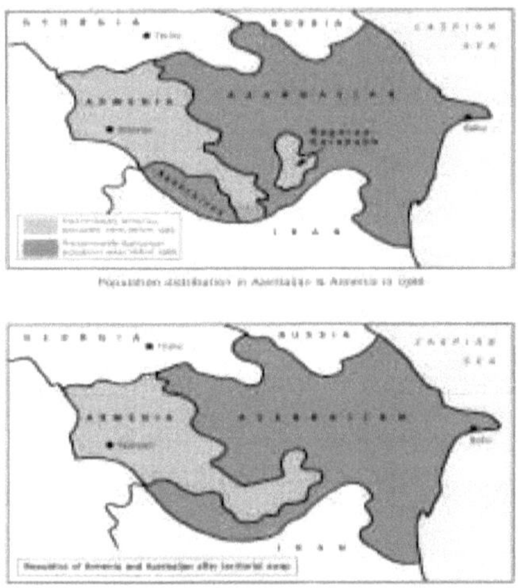

Abb.11: Lösungsvorschlag für den Berg-Karabach-Konflikt
(Quelle: Cornell 2001, S. 131)

Abbildung 11 stellt einen Lösungsvorschlag für den Konflikt um Berg-Karabach dar. Wenn Armenien einen Teil seines südlichen Territoriums an Aserbaidschan abtreten würde und Aserbaidschan das Territorium zwischen Armenien und Berg-Karabach freigeben würde, hätten beide Staaten einen direkten Zugang zu ihren Exklaven Nachitschewan bzw. Berg-Karabach. Jedoch ist hier in absehbarer Zeit von keiner Seite

[52] Vgl. AUCH 2003, S. 13.
[53] Ebd. S. 13.

ein Entgegenkommen zu erwarten. Armenien, das nach Zusammenbruch der Sowjetunion unter chronischem Energiemangel leidet, müsste in Anbetracht möglicher Erdöllieferungen aus Aserbaidschan ein großes Interesse an einer Beilegung des Konflikts haben. Solange beide Parteien verfeindet sind, bleiben neben den politischen auch die wirtschaftlichen Beziehungen unterbrochen.

4.2 Georgien

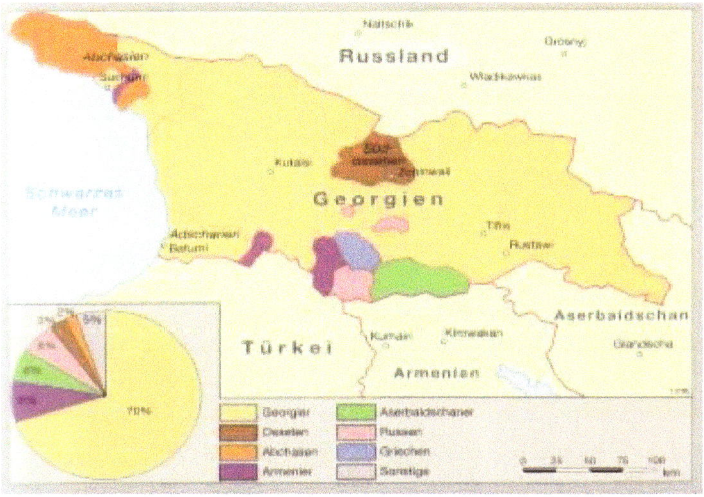

Abb.12: Politische und ethnische Gliederung Georgiens (Quelle: DIERCKE LÄNDERLEXIKON 1999, S. 257)

Abbildung 12 veranschaulicht die politische und ethnische Gliederung Georgiens. Die georgische Bevölkerung besteht zu 70% aus Georgiern, zu 8% aus Armeniern, zu 6% aus Aserbaidschanern, zu 6% aus Russen, zu 3% aus Osseten und zu 2% aus Abchasen. Armenier, Aserbaidschaner, Russen und Griechen siedeln im Süden Georgiens. Abchasen bevölkern den größten Teil Abchasiens im Nordwesten und Osseten leben überwiegend in Südossetien. Nachdem Georgien am 09.04.1991 seine staatliche Unabhängigkeit erklärt hatte, verschärften sich auch die Konflikte in Abchasien, Adscharien und Süd-Ossetien, den drei autonomen Gebietseinheiten auf georgischem Territorium.

Die Abchasen sind ein ca. 100.000 Menschen umfassendes Volk im nordwestlichen Georgien. Unter osmanischer Herrschaft wurden sie islamisiert, so dass heute über 75% der Abchasen dem sunnitischen Islam angehören.[54]

Abchasien besaß in der Sowjetzeit den Status einer ASSR und unterstand der Georgischen SR. Da insgesamt 500.000 Menschen in Abchasien lebten, stellten die Abchasen mit einem Bevölkerungsanteil von 20% nur eine Minderheit dar. Schon im August 1990 verlangte das abchasische Parlament in Suchumi die Unabhängigkeit von Georgien. Die georgische Regierung lehnte dies ab, worauf es zum Bürgerkrieg kam. Die Unabhängigkeit Abchasiens wurde am 23.07.1992 erklärt. Der Konflikt forderte ca. 10.000 Todesopfer und veranlasste 300.000 Menschen dazu, Abchasien zu verlassen, weshalb die Abchasen nun die Bevölkerungsmehrheit stellen. Momentan ist Abchasien um internationale Anerkennung bemüht. Es wird zurzeit nur von Russland und der Türkei anerkannt. Die Russen schürten auch hier aktiv den Konflikt, indem sie Abchasien unterstützen, denn Russland ist nicht an einem starken Georgien interessiert und versucht auf diesem Wege, seinen eigenen Einfluss in der verloren gegangenen südlichen Kaukasus-Region wieder zu stärken. Seit 1994 gilt ein Waffenstillstand und es wurden ca. 3.000 Soldaten der GUS-Truppen auf abchasischem Gebiet stationiert. Georgien kann in Abchasien faktisch keine Staatsgewalt ausüben.[55]

Die Adscharen sind ebenfalls unter osmanischem Einfluss islamisierte Georgier. Sie siedeln in Adscharien, an der Schwarzmeerküste im südwestlichen Georgien.[56]

Während der Sowjetzeit besaß auch Adscharien den Status einer ASSR. Im Jahr 1992 gründete Aslan Abaschidze einen Bund für die Autonomie Adschariens, der zwar nach größtmöglicher Autonomie strebte, aber keine Loslösung von Georgien zum Ziel hatte. Mit Hilfe des russischen Militärs konnte der Einmarsch georgischer Truppen in Adscharien verhindert werden. Die regionale Autonomie wurde seitdem soweit ausgebaut, dass Georgien keinen politischen Einfluss mehr hat.[57]

Im Mai 2004 gelang es jedoch dem georgischen Präsidenten Michail Saakaschwili, den adscharischen Führer Aslan Abaschidse ins politische Exil nach Moskau abzudrängen. Der Einfluss Georgiens in Adscharien scheint nun wieder zu wachsen.[58]

---

[54] WAHL, D. 1999, S. 29-30.
[55] Vgl. AUCH 2003, S. 17.
[56] WAHL, D. 1999, S. 30.
[57] Vgl. AUCH 2003, S. 19.
[58] Vgl. MITTELDEUTSCHE ZEITUNG 07.05.2004, S. 2.

Die Osseten sind ein ca. 542.000 Menschen umfassendes Volk, das aus den iranischsprachigen Alanen hervorgegangen ist. Nord-Ossetien erhielt im Bestand der Russischen SR den Status einer ASSR. Südossetien wurde als AG in die Georgische SR eingegliedert.[59]
Auf georgischem Territorium leben ca. 65.000 Osseten in Südossetien und 33.000 in Tiflis. Im Jahr 1989 formierte sich die südossetische Volksfront, die eine Statuserhöhung des Autonomen Gebietes zur Autonomen Republik und eine Wiedervereinigung mit Nordossetien forderte. Am 20.09.1990 erklärte Südossetien seine Unabhängigkeit und rief die Südossetische Demokratische Sowjetrepublik aus. Im Januar 1991 intervenierten georgische Truppen und rückten bis Zchinwali, der Hauptstadt Südossetiens, vor. Insgesamt starben über 800 Menschen und 20.000 Georgier flüchteten aus Südossetien. Zu einem Waffenstillstand kam es erst am 24.06.1992. Seitdem baut Südossetien seine Autonomierechte immer weiter aus. Georgien hat auch in Südossetien keinen politischen Einfluss. Das Gebiet wird weitgehend von russischen Truppen überwacht, die an der Grenze zwischen Nord- und Südossetien stationiert sind.[60]

4.3 Prigorodny-Rajon

Der Prigorodny-Rajon ist eine umstrittene Gebietseinheit zwischen Osseten und Inguschen. Im Jahr 1990 lebten dort ca. 75.000 Menschen. Vor der Deportation 1944 war diese Region ein wichtiges Siedlungsgebiet der Inguschen.[61]
Bis 1934 war die am Terek gelegene Stadt Wladikawkas die gemeinsame Hauptstadt des Autonomen Gebiets der Osseten und der Inguschen. Die Stadt war somit geteilt. Die westliche Stadthälfte fungierte als ossetisches Verwaltungszentrum und die östliche Stadthälfte als das Verwaltungszentrum der Inguschen. Im Jahr 1934 wurde das Autonome Gebiet der Inguschen mit dem der Tschetschenen zusammengefasst und 1936 zur ASSR der Tschetschenen und Inguschen aufgewertet. Die neue Hauptstadt der

---

[59] Vgl. WAHL 1999, S. 143-144.
[60] Vgl. AUCH 2003, S. 18.
[61] Vgl. Pietzonka 1995, S. 117 ff.

Inguschen war nun Grosny. Im Zuge der Deportation 1944 wurde diese Gebietseinheit jedoch aufgelöst und an die angrenzenden Regionen übertragen. Nach der Rehabilitation wurde die gemeinsame ASSR der Tschetschenen und Inguschen wiedererrichtet. Die Inguschen erhielten ihre ehemaligen Siedlungsgebiete zurück, bis auf den Prigorodny-Rajon (siehe Abbildung 13).[62]

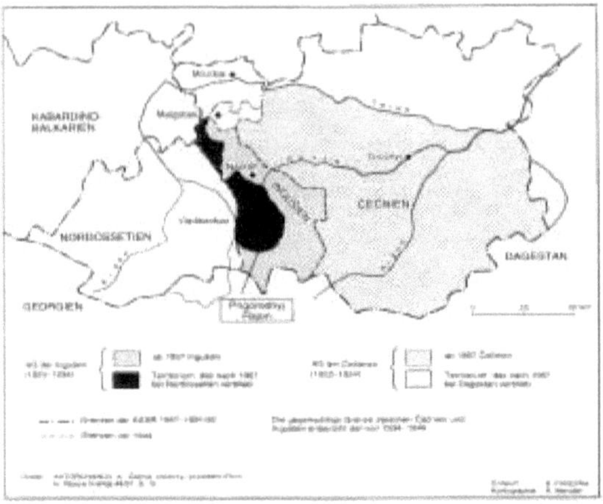

Abb.13: Der Prigorodny-Rajon (Quelle: PIETZONKA 1995, S. 119)

Bis 1991 verblieb Inguschetien in der Gebietseinheit Tschetscheno-Inguschische ASSR. Die gemeinsame Hauptstadt war Grosny. Mit dem Verlust ihrer alten Hauptstadt Wladikawkas konnten sich die Inguschen jedoch nicht abfinden.

Noch während der Sowjetzeit pflegten die Inguschen die Taktik der „stillen Expansion" im Prigorodny-Rajon. Sie kauften für jeden denkbaren Preis Häuser und besiedelten das Gebiet schrittweise. Des Weiteren führten Inguschen zahlreiche Gerichtsprozesse, um die Rückgabe ihres ehemaligen Besitzes zu erstreiten. Im ossetischen Prigorodny-Rajon vergrößerte sich die Zahl der inguschischen Siedler zunehmend, so dass 1989 bereits über 33.000 Inguschen als Bürger zu Nordossetischen ASSR zählten. Die direkte

62 Vgl. BUGAJ, N. (1996): Die Nationalitätenpolitik im Nordkaukasus während des sozialistischen Experiments. In: Lebens- und Konfliktraum Kaukasien. Eva Maria Auch (Hrsg.), Kiel: Edition Barkau, S. 90 ff.

Nachbarschaft von Osseten und Inguschen verlief nicht friedlich. Immer wieder kam es zu Raub, Mord und gewaltsame Auseinandersetzungen. Im April des Jahres 1991 kam es zu größeren Unruhen im Prigorodny-Rajon und der Ausnahmezustand wurde verhängt. Ab Oktober 1992 gab es in der Nähe von Wladikawkas bewaffnete Zusammenstöße, die in der inguschischen Bevölkerung mehrere tausend Todesopfer forderten.[63]

Nach der tschetschenischen Unabhängigkeitserklärung wurde Inguschetien zwangsausgegliedert und als Republik in den Bestand der Russischen Föderation aufgenommen. Die neue Hauptstadt ist derzeit Nasran. Der umkämpfte Prigorodny-Rajon verblieb bei Nordossetien.[64]

4.4 Tschetschenien

Tschetschenien ist eine Republik im Nordosten der Kaukasus-Region mit einer Größe von 16.000 km². Damit entspricht die Fläche der Schleswig-Holsteins. Bis 1991 war Tschetschenien Bestandteil der binationalen Gebietseinheit Tschetscheno-Inguschische ASSR. Im Jahr 1992 lebten in Tschetschenien 1,2 Mio. Menschen. Davon waren 75% Tschetschenen, 20% Russen und den übrigen Anteil bildeten Armenier und Ukrainer.[65]

Die Tschetschenen sind eines der ältesten Völker der Kaukasus-Region. Ihre wichtigste soziale Institution ist der „tejp“, die Sippe. Die gesellschaftliche Organisation erfolgt in Clans. Traditionelle Brauchtumsformen wie Blutrache (kanly), Gastrecht (kunaklyk) und Gewohnheitsrecht (adat) prägen die Gesellschaft bis heute. Ursprünglich christlichen Glaubens, erfolgte im tschetschenischen Volk ab dem 16. Jhd. und im Zuge des antirussischen Widerstandes ab dem 18. Jhd. eine zunehmende Islamisierung. Die Zugehörigkeit zur Sippe, zum Dorf oder zur religiösen Institution des Islam war für die Tschetschenen von größerer Bedeutung als die Identifikation mit der Nation.[66]

---

[63] Vgl. TSCHERWONNAJA, S. (1995): Der ossetisch-inguschische Konflikt: Eine Fallstudie. In: Krisenherd Kaukasus. Uwe Halbach/Andrea Kappeler (Hrsg.). Baden-Baden: Nomos Verl. Ges., S. 250 ff.

[64] Vgl. PIETZONKA 1995, S. 117 ff.

[65] WAGENSOHN, T. (2000): Krieg in Tschetschenien. München: Hanns-Seidel-Stiftung e.V., Akademie für Politik und Zeitgeschehen. S. 10-11.

[66] Vgl. WAGENSOHN 2000, S. 11 ff.

Abb.14: Dschochar Dudajew
(DER SPIEGEL 1995 H. 25, S. 121)

Abb.15: Schamil Bassajew
(Quelle: GRIFFIN 2001, S. 112)

Tschetschenien gehörte im Verbund der Tschetscheno-Inguschischen ASSR bis 1991 der Russischen SR an. Nach dem Putsch Boris Jelzins in Moskau am 22.08.1991 und der Auflösung der Sowjetunion forderten auch die Tschetschenen ihre staatliche Unabhängigkeit. Am 27.10.1991 wurden in Tschetschenien Präsidentschaftswahlen angesetzt, aus denen Dschochar Dudajew (siehe Abbildung 14) als Sieger hervorging. Dudajew proklamierte am 02.11.1991 die Unabhängigkeit Tschetscheniens. Jelzin erkannte weder die Wahlen noch die Unabhängigkeitserklärung an und verhängte den Ausnahmezustand über Tschetschenien.[67]

Der Austritt Tschetscheniens aus der Russischen SR war formal nicht rechtsgültig, denn die Verfassung sah kein Austrittsrecht für Autonome Republiken vor, sondern lediglich für vollwertige Unionsrepubliken. Tschetschenien war aus diesem Grund zur staatlichen Abhängigkeit von Russland verurteilt.[68]

In der Folgezeit kam es in Tschetschenien zu innenpolitischen Machtkämpfen zwischen Dudajew-Anhängern und der Opposition. Dudajew versuchte seine Position zu festigen und auch Jelzin konzentrierte sich auf die Etablierung seiner Macht im Kreml. Ab Mitte 1994 kam es immer häufiger zu bewaffneten Zusammenstößen zwischen den

[67] Vgl. WAGNER, C. (2000): Russlands Kriege in Tschetschenien: Politische Transformation und militärische Gewalt. Münster: LIT, (Studien zu Konflikt und Kooperation im Osten; Bd. 8), S. 35 ff.

[68] Vgl. WAGENSOHN 2000, S. 22.

verfeindeten innenpolitischen Kräften in Tschetschenien. Die Dudajew-Opposition bekam zusätzlich militärische Unterstützung von russischer Seite. Dudajews Truppen gelang jedoch am 26.11.1994 die Festnahme einiger Oppositionseinheiten, unter denen sich auch russische Soldaten befanden. Jelzin forderte daraufhin die sofortige Beendigung der bewaffneten Kämpfe und stellte ein Ultimatum für die Abgabe aller Waffen. Für die Nichteinhaltung drohte er mit militärischer Intervention. Nachdem die Tschetschenen die Forderungen Moskaus nicht erfüllten, begann ab dem 11.12.1994 der Einmarsch der russischen Truppen (ca. 100.000 Soldaten) und gleichzeitig der schwerste bewaffnete Konflikt in der Kaukasus-Region.[69]

Der erste Tschetschenien-Krieg dauerte vom 11.12.1994 - 31.08.1996. Die Opferzahlen belaufen sich nach Schätzungen auf maximal 100.000 Tote. Bis April 1996 waren insgesamt 437.000 Menschen beim Flüchtlingsdienst der Russischen Föderation registriert, das entsprach einem Drittel der Gesamtbevölkerung Tschetscheniens. Die Kosten für diesen Krieg beliefen sich auf 3,5 Mrd. US-Dollar.[70]

In einem Friedensvertrag zwischen Russland und Tschetschenien am 12.05.1997 wurde neben dem Verzicht auf militärische Gewalt auch die Status-Frage Tschetscheniens angesprochen. Die endgültige Klärung über den zukünftigen politischen Status Tschetscheniens wurde jedoch auf das Jahr 2001 verschoben. Dadurch entstand ein entscheidendes Missverständnis in der Interpretation der Abhängigkeitssituation zwischen beiden Staaten. Während Tschetschenien allein die Verschiebung der Klärung der Status-Frage schon als politischen Erfolg feierte und sich faktisch als staatlich unabhängig betrachtete, war die Moskauer Sichtweise unverändert. Tschetschenien blieb integrativer Bestandteil der Russischen Föderation und war damit weiterhin Staatsgebiet Russlands.[71]

Nachdem der tschetschenische Präsident Dudajew bei einem Attentat des russischen Geheimdienstes im April 1996 ums Leben kam, wurde Aslan Maschadow Präsident.[72]

Nach dem Ende des ersten Tschetschenien-Krieges gewannen die tschetschenischen Feldkommandanten, wie Salman Radujew, Amir al-Chattab und der populärste

[69] Vgl. WAGNER 2000, S. 40 ff.
[70] Ebd. S. 43-44.
[71] Vgl. HALBACH 2003, S. 7.
[72] WAGNER 2000, S. 50.

tschetschenische Kommandant, Schamil Bassajew (siehe Abbildung 15), immer mehr an innenpolitischer Macht. Tschetschenien zerfiel in verschiedene Machtbereiche.[73]

Abb.16: Übergreifen des Tschetschenien-Krieges (Quelle: IPB. Kaukasus-Region 2003, S.1)

Nach dem ersten Tschetschenien-Krieg kam es zu einer Ausweitung der militärischen Übergriffe auch auf die benachbarten Regionen Dagestans, Inguschetiens, Georgiens und Russlands (siehe Abbildung 16).

Ende Dezember 1997 überfielen tschetschenische Rebellen mehrere russische Militärstützpunkte in Dagestan und töteten Dutzende russische Soldaten.[74] Auch in Inguschetien wurden russische Soldaten trotz Waffenstillstands Opfer von Anschlägen tschetschenischer Rebellen. Im Pankisi-Tal, das in der Grenzregion auf georgischem Territorium liegt, leben tausende Georgier tschetschenischer Abstammung, die vielen Flüchtlingen aus Tschetschenien Unterschlupf gewährten. Die russische Luftwaffe bombardierte mehrere georgische Dörfer mit der Begründung, tschetschenische Rebellen planen ihre Aktionen im Pankisi-Tal und verletzte damit internationales Recht, denn Georgien ist ein souveräner Staat mit eigenen Hoheitsrechten. In südrussischen Städten und in Moskau kam es im September 1999 zu zahlreichen Bombenanschlägen

[73] Vgl. KRECH 2002, S. 18-19.
[74] WAGENSOHN 2000, S. 37.

auf zivile Einrichtungen, bei denen hunderte Zivilisten starben. Die Anschläge wurden tschetschenischen „Terroristen“ zugeschrieben.[75]
Des Weiteren kam es in Tschetschenien zu einer Verstärkung der islamischen Identität in der tschetschenischen Bevölkerung. Im Februar 1999 wurde in Tschetschenien offiziell die Scharia, das islamische Recht, eingeführt.[76]
Die Situation verschärfte sich weiter, als am 10.08.1999 Schamil Bassajew mit bewaffneten Einheiten in Dagestan einmarschierte, einen unabhängigen islamischen Staat proklamiert und den „Dschihad“, den heiligen islamischen Krieg, gegen Russland verkündete. Zugleich fürchtete Russland, Bassajew könne die Erdöl-Pipeline in Dagestan, die von Baku nach Novorossiisk führt, zerstören.[77]
Nachdem Bassajew zum Rückzug aus Dagestan gezwungen werden konnte, marschierte die russische Armee im September 1999 zum zweiten Mal in Tschetschenien ein. Seit Anfang 2000 verkündet Russland offiziell eine „Normalisierung“ in Tschetschenien, doch die schweren Kampfhandlungen dauerten bis Mitte 2002 an. Am 05.10.2003 wird der pro-russische Kandidat Ahmad Kadyrow neuer Präsident von Tschetschenien. Die tschetschenische Bevölkerung jedoch vertraut diesem „Statthalter“ Moskaus nicht.[78] Kadyrow wurde am 09.05.2004 Opfer eines Bombenattentats bei einer Militärparade in Grosny.[79]
Nach fast 10 Jahren Krieg ist Tschetschenien stark zerstört und als Bestandteil der Russischen Föderation politisch weiterhin isoliert. Es herrscht eine Arbeitslosigkeit von über 90%. Die Schattenwirtschaft mit Drogenhandel, illegalem Ölhandel, Prostitution und Menschenraub ist für viele Tschetschenen die einzige Verdienstmöglichkeit.[80]
Russland führte den ersten Tschetschenien-Krieg mit der Begründung, seine territoriale Integrität sichern zu wollen Die russische Bevölkerung lehnte diesen Krieg mehrheitlich ab. Die Begründung für den zweiten Tschetschenien-Krieg war die Bekämpfung der tschetschenischen Terroristen, die für mehrere Bombenattentate in Russland mit einigen hunderten zivilen Opfern verantwortlich gemacht worden waren. Der zweite Krieg fand

[75] Vgl. RAU, J. (2002): Der Dagestan-Konflikt und die Terroranschläge von Moskau 1999. Ein Handbuch. Berlin: Köster. (Bewaffnete Konflikte nach dem Ende des Ost-West-Konfliktes; Bd. 10). S. 65 ff.
[76] Vgl. WAGENSOHN 2000, S. 37.
[77] Vgl. RAU 2002, S. 39.
[78] Vgl. HALBACH 2003, S. 8.
[79] MITTELDEUTSCHE ZEITUNG 10.05.2004, S.1.
[80] Vgl. WAGNER 2000, S. 135 ff.

im Gegensatz zum ersten die mehrheitliche Zustimmung in der russischen Bevölkerung.[81]

Die Regierung in Moskau schlug sich damit moralisch auf die Seite der von den USA inszenierten Allianz gegen den Terror. Nach dem Anschlag auf das World Trade Center am 11.09.2001 war es wesentlich einfacher geworden, die für Terrorismus sensibilisierte Bevölkerung politisch zu manipulieren. Die russische Regierung stand nach dem ersten Tschetschenien-Krieg und nach massiver internationaler Kritik unter einem hohen Rechtfertigungsdruck, um einen zweiten Krieg legitimieren zu können.

Schon die Bombenanschläge auf einige Wohnhäuser in Moskau, im September 1999, lieferten dafür eine Steilvorlage, obwohl eine tschetschenische Beteiligung nie zweifelsfrei nachgewiesen werden konnte.[82] Nach dem 11.09.2001 ließen sich die Tschetschenen sehr viel leichter in die islamisch motivierte „Terrorismus-Ecke" stellen. In der russischen Bevölkerung wurde durch die Medien ein offener Rassismus gegen Kaukasier und speziell gegen Tschetschenen geschürt, so dass man von einer regelrechten „Dämonisierung der Tschetschenen"[83] sprechen kann. Der „Feldzug gegen den Terrorismus" wurde von russischer Seite mit der gleichen, offensichtlich lückenhaften und inkonsequenten Begründung in Tschetschenien geführt wie von US-amerikanischer Seite in Afghanistan und Irak.

Internationale Kritik am Krieg in Tschetschenien wies Moskau immer mit der Begründung zurück, dass Tschetschenien als integrativer Bestandteil der Russischen Föderation eine innenpolitische Angelegenheit darstelle und damit eine Einmischung von außen nicht gerechtfertig sei. Des Weiteren verwies Moskau immer wieder auf den Militäreinsatz der NATO im Kosovo, der den NATO-Staaten das Recht nehme, Kritik am Vorgehen des russischen Militärs in Tschetschenien zu äußern.[84]

---

[81] Vgl. ebd. S. 124 ff.
[82] Vgl. Krech 2002, S. 26.
[83] Wagensohn 2000, S. 55.
[84] Vgl. ebd., S. 43.

5. Fazit

Der Konflikt in der Kaukasus-Region hat verschiedene Ursachen. Der Ursachenkomplex besteht aus national-politischen, ethnisch-religiösen und ökonomischen Ursachen.

Zu den national-politischen Ursachen kann der Zerfall der Sowjetunion gerechnet werden, der als Beschleuniger der nationalen Konflikte wirkte. Die Auflösungsprozesse in der Kaukasus-Region, die sich in Form von Unabhängigkeitserklärungen äußerten, stellten eine ernsthafte Bedrohung für die Stabilität der russischen Südperipherie dar. Die Unabhängigkeit der drei ehemaligen Unionsrepubliken Armenien, Aserbaidschan und Georgien konnte Russland nicht verhindern. Die Unabhängigkeitserklärung Tschetscheniens jedoch drohte zu einem gefährlichen Präzedenzfall für die Region zu werden. Die Loslösung einer Republik aus dem Bestand der Russischen Föderation war für Moskau nicht hinnehmbar. Eine weitere Abhängigkeit von Moskau war jedoch für die Tschetschenen nicht weiter akzeptabel. Somit befindet sich Moskau in einem kaum lösbaren Zwiespalt, der mit einer militärischen Besetzung Tschetscheniens nur scheinbar gelöst ist. Ebenso verhält es sich in Georgien mit den Unabhängigkeitsbestrebungen von Abchasien, Adscharien und Süd-Ossetien. Es ist nicht zu erwarten, dass Georgien von seinem Standpunkt, auf den Erhalt seiner territorialen Integrität zu bestehen, Abstand nehmen wird.

Die ethnisch-religiösen Ursachen liegen hauptsächlich in der katastrophalen Nationalitätenpolitik der Sowjetunion im „Völkerlabyrinth des Kaukasus“[85] begründet. Durch die Zusammenlegung nichtverwandter und die Trennung verwandter Völker, die stalinistischen Deportationen hunderttausender Menschen, die Rehabilitierung und Wiedereinrichtung von Gebietseinheiten und die mit Bedacht kalkulierte Zuweisung des Gebietsstatus, welche komplizierte Abhängigkeitsverhältnisse zwischen den kaukasischen Völkern schuf, führte zu dem Problem, dass die „politische Aufteilung des Raumes nicht mit der ethnischen Struktur“[86] und den historisch begründbaren Siedlungsräumen übereinstimmt.

[85] HALBACH 2003, S. 6.
[86] PIETZONKA 1995, S. 109.

Infolge der latent vorhandenen ethnischen Spannungen und den nach Wegfall der Zentralmacht der Sowjetunion offen hervorgetretenen Konflikten, kam es zu umfangreichen Migrationsbewegungen in der Kaukasus-Region (siehe Abbildung 17).

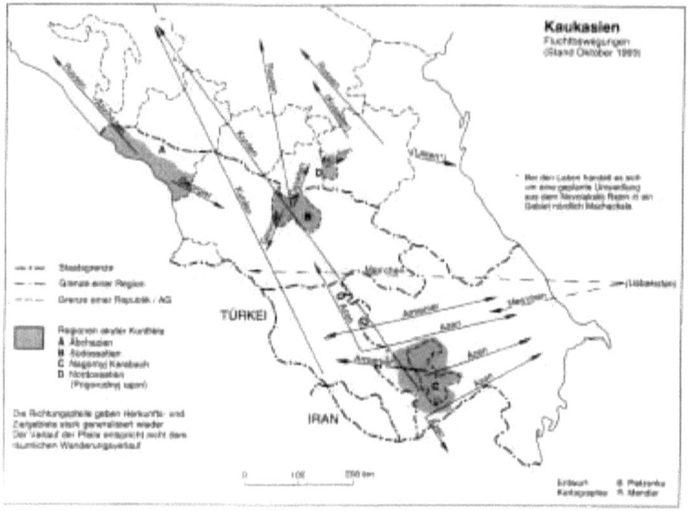

Abb.17: Migration in Kaukasien (Quelle: PIETZONKA 1995, S. 164)

Insgesamt lässt sich dabei eine Tendenz der zunehmenden ethnischen Homogenisierung feststellen. Im Verlauf des Konfliktes um Berg-Karabach flüchteten Aserbaidschaner aus dem umkämpften Gebiet nach Aserbaidschan. Armenier flüchteten nach Armenien. Somit kam es zu einer Erhöhung des armenischen Bevölkerungsanteils in der Region. Im Konflikt um Abchasien ist eine Migrationsbewegung der Russen nach Russland und der Georgier nach Georgien erkennbar. Der Bevölkerungsanteil der Abchasen stieg daraufhin. Aus dem Gebiet Südossetien flüchteten Osseten nach Nordossetien und Georgier nach Georgien, so dass sich der Anteil der Osseten in Südossetien insgesamt erhöhte. In Tschetschenien kam es zu einer Abwanderung des russischen Bevölkerungsanteils, so dass sich der Anteil der Tschetschenen an der Gesamtbevölkerung Tschetscheniens erhöhte.

Des Weiteren kommt es in Tschetschenien zu einer fortschreitenden Radikalisierung und Instrumentalisierung des Islam. Der Sezessionskonflikt mit der Zentralmacht in Moskau trägt zunehmend auch den Charakter eines Abgrenzungsbestrebens zwischen kaukasisch-islamischer Kultur und russisch-christlicher Kultur.

Die ökonomischen Ursachen des Kaukasus-Konfliktes liegen in den Bestrebungen verschiedener Großmächte begründet, in der Region an politischem Einfluss zu gewinnen. Im so genannten „Great Game“[87] konkurrieren Russland, die USA, der Iran und die Türkei um die Ausbeutung der Erdölvorkommen in der „Kaukasus-Kaspi-Region“[88]. Bei Baku und im „Offshore-Breich“ der zentralen Region des Kaspischen Meeres befinden sich zahlreiche, ergiebige Ölfelder (siehe Abbildung 18). Schon um 1890 wurde auf der Halbinsel Apscheron bei Baku hochwertiges Erdöl gefördert. Die Fördermenge entsprach damals der Hälfte der gesamten Weltproduktion.[89]

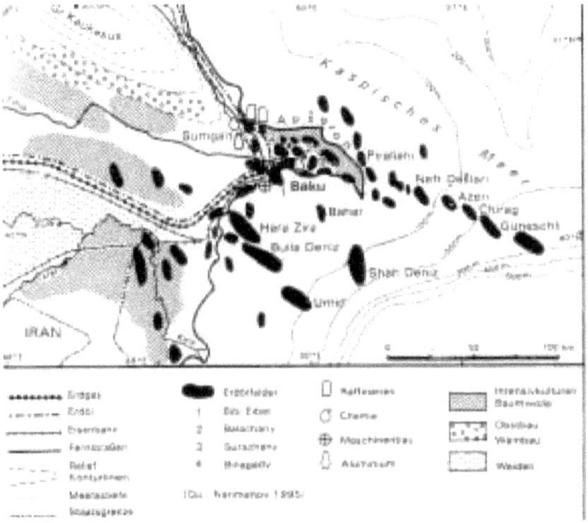

Abb.18: Ölfelder bei Baku (Quelle: WAGNER 1997, S. 356)

[87] KRECH 2002, S. 15

[88] Vgl. WAGNER, H.-G. (1997): Erdöl und Erdgas in der Kaukasus-Kaspi-Region. In: Geographische Rundschau. 49. Jg., H. 6, S. 355 ff.

[89] Ebd. S. 355-356.

Nach Schätzungen befinden sich im Kaspischen Becken ca. 5% der Welt-Ölreserven und ca. 6% der Welt-Erdgasreserven. Eine verstärkte Aufmerksamkeit von Großmächten in der Region ist also durchaus nachvollziehbar. Bei schneller Förderung sind die Ölvorräte jedoch in 20-25 Jahren erschöpft. Ein besonderes Problem stellt dabei der Transport des geförderten Erdöls dar.[90]

Da das Kaspische Meer ein Binnenmeer ist, erfolgt der Transport des Erdöls über Pipelines zu Häfen am Schwarzen Meer. Die wichtigste Pipeline ist die von Baku über Grosny nach Novorossiisk, dem russischen Schwarzmeerhafen (siehe Abbildung 19).

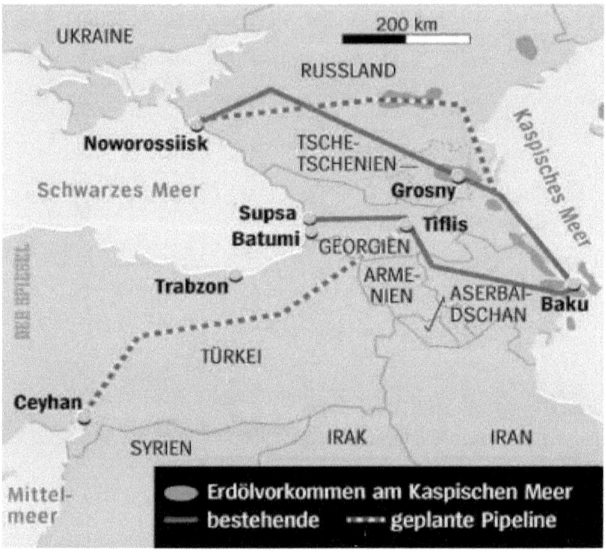

Abb.19: Pipelines in der Kaukasus-Region (Quelle: DER SPIEGEL H. 2 2000, S.116)

Da jedoch die russische Pipeline über das politisch instabile Gebiet Tschetscheniens führt, wurde von Moskau eine Umgehungs-Pipeline angestrebt, die über das Gebiet Dagestans verläuft und ebenfalls in Novorossiisk endet. Die Amerikaner favorisieren eine Pipeline von Baku über die politisch relativ stabile georgische Hauptstadt Tiflis nach Ceyhan, einem türkischen Hafen. Damit würde der Transit des Erdöls außerhalb des Moskauer Machtbereichs verlaufen.

[90] Vgl. WAGENSOHN 2000, S. 58-59.

Es wurde deutlich, dass die Kaukasus-Region schon immer ein Spielball der Interessen fremder Großmächte war. Die Situation im 21. Jhd. ist nicht weniger konfliktreich als es die Auseinandersetzungen in der Vergangenheit waren. Das Ausmaß der militärischen und politischen Eingriffe in die ethnische Struktur, in das gesellschaftliche Gefüge der Kaukasus-Völker hat jedoch eine schwerwiegende qualitative Wandlung erfahren. Die Unterdrückung und Repressalien gegen ganze Volksgruppen, die Menschenrechtsverletzungen, die Unmenschlichkeit und das daraus folgende Elend der unschuldigen Zivilbevölkerung, die seit Jahren auf der Flucht ist, die Härte, mit der die bewaffneten Konfliktparteien um Einfluss, Vorherrschaft und wirtschaftliche Kontrolle in der Kaukasus-Region kämpfen, haben eine Situation geschaffen, die von der Völkergemeinschaft nicht ignoriert werden kann. Gleichzeitig ist die Konfliktsituation in der Kaukasus-Region, wie am Beispiel Tschetscheniens, so komplex, dass eine friedliche und politische Lösung kaum realistisch erscheint. Die Völkergemeinschaft und die Vernunft der Menschen sind hier gefordert, einen der ältesten Konflikte der Menschheit zu lösen und nicht wieder einmal mehr an ihren eigenen Fehlern zu scheitern.

6. Abbildungsverzeichnis

Abbildung 1: Informationen zur Politischen Bildung. (2003). Kaukasus-Region. Bonn. S. 24.

Abbildung 2: STADELBAUER, J.: Die Krisenregion Kaukasien: Geographische, ethnische und wirtschaftliche Grundlagen. In: Krisenherd Kaukasus. UweHalbach/ Andrea Kappeler. (Hrsg.). Baden-Baden: Nomos Verl. Ges., S. 18.

Abbildung 3: STADELBAUER, J.: Die Krisenregion Kaukasien: Geographische, ethnische und wirtschaftliche Grundlagen. In: Krisenherd Kaukasus. UweHalbach/ Andrea Kappeler. (Hrsg.). Baden-Baden: Nomos Verl. Ges., S. 22.

Abbildung 4: Informationen zur Politischen Bildung. (2003). Die Kaukasus-Region. Bonn. S. 1.

Abbildung 5: STADELBAUER, J.: Die Krisenregion Kaukasien: Geographische, ethnische und wirtschaftliche Grundlagen. In: Krisenherd Kaukasus. UweHalbach/ Andrea Kappeler. (Hrsg.). Baden-Baden: Nomos Verl. Ges., S. 35.

Abbildung 6: Informationen zur Politischen Bildung. (2003). Kaukasus-Region. Bonn. S. 4.

Abbildung 7: BLACK, J. (Hrsg.). (2000): Atlas der Weltgeschichte. Köln. S. 231.

Abbildung 8: Weltatlas der alten Kulturen. (1984): Der Islam. 2. Aufl., München. S. 130.

Abbildung 9: Großer Historischer Weltatlas. (1981): Dritter Teil. Neuzeit. 4. Aufl., München. S. 77

Abbildung 10: Informationen zur Politischen Bildung. (2003). Kaukasus-Region. Bonn. S. 1.

Abbildung 11: CORNELL, S.E. (2001): Small Nations and Great Powers. A study of ethnopolitical conflict in the Caucasus. Richmond. S.131.

Abbildung 12: DIERCKE Länderlexikon (1999). Braunschweig. S. 257.

Abbildung 13: PIETZONKA, B. (1995): Ethnisch-territoriale Konflikte in Kaukasien. Eine politisch-geographische Systematisierung. Baden-Baden. S. 119.

Abbildung 14: DER SPIEGEL. 1995, H. 25, S. 121

Abbildung 15: GRIFFIN, N. (2001): Caucasus: Mountain Men and holy wars. London. S. 112.

Abbildung 16: Informationen zur Politischen Bildung. (2003). Kaukasus-Region. Bonn. S. 1.

Abbildung 17: PIETZONKA, B. (1995): Ethnisch-territoriale Konflikte in Kaukasien. Eine politisch-geographische Systematisierung. Baden-Baden. S. 164.

Abbildung 18: WAGNER, H.-G. (1997): Erdöl und Erdgas in der Kaukasus-Kaspi-Region. In: Geographische Rundschau. 49. Jg., H. 6, S. 356.

Abbildung 19: DER SPIEGEL. 2000, H. 2, S.116.

7. Literaturverzeichnis

AUCH, E.-M. (2003): Südkaukasien – Staaten mit Territorialkonflikten. In: Informationen zur politischen Bildung. Kaukasus-Region. Bonn: Erich Schmidt. Verlag. S. 10-22.

AUCH, E.-M. u. U. HALBACH (2003): Der Kaukasus als politische Parzellenlandschaft. in: Informationen zur politischen Bildung. Kaukasus-Region. Bonn: Erich Schmidt Verlag. S. 2-3.

BLACK, J. (Hrsg.). (2000): Atlas der Weltgeschichte. Köln: Dumont.

BUGAJ, N.-F. (1995): Die stalinistischen Zwangsumsiedlungen kaukasischer Völker und ihre Konsequenzen. In: Krisenherd Kaukasus. Uwe Halbach/Andrea Kappeler (Hrsg.). Baden-Baden: Nomos Verl. Ges., S. 216-237.

BUGAJ, N. (1996): Die Nationalitätenpolitik im Nordkaukasus während des sozialistischen Experiments. In: Lebens- und Konfliktraum Kaukasien. Eva Maria Auch (Hrsg.), Kiel: Edition Barkau, S. 80-100.

CORNELL, S.E. (2001): Small Nations and Great Powers. A study of ethnopolitical conflict in the Caucasus. Richmond: Curzon Press.

DER SPIEGEL. 1995, H. 25, S. 121.

DER SPIEGEL. 2000, H. 2, S.116.

DIERCKE Länderlexikon (1999). Braunschweig: Westermann.

ERDMANN, K.-H. u. D. BERNHAGEN. (2001): Georgien. In: Geographische Rundschau. 53. Jg., H. 11, S. 62-65.

ERDMANN, K.-H. u. T. HECKEL. (2002): Aserbaidschan. In: Geographische Rundschau. 54. Jg., H. 10, S. 59-62.

ERDMANN, K.-H. u. T. HECKEL. (2003): Armenien. In: Geographische Rundschau. 55. Jg., H. 9. S. 61-65.

GRIFFIN, N. (2001): Caucasus: Mountain Men and holy wars. London: Review.

Großer Historischer Weltatlas. (1981): Dritter Teil. Neuzeit. 4. Aufl., München: Bayrischer Schulbuchverlag.

HALBACH, U. (1995): Von Mansur zu Dudajew? Widerstandstraditionen der nordkaukasischen Bergvölker. Uwe Halbach/Andrea Kappeler (Hrsg.). Baden-Baden: Nomos Verl. Ges., S. 196-215

HALBACH, U. (2003): Nordkaukasien – von Widerstand geprägt. In: Informationen zur politischen Bildung. Kaukasus-Region. Bonn: Erich Schmidt Verlag. S. 3-9.

KRECH, H. (Hrsg.). (2002): Der Zweite Tschetschenien-Krieg (1999-2002). Ein Handbuch. Berlin: Köster. (Bewaffnete Konflikte nach dem Ende des Ost-West-Konfliktes; Bd. 11).

MITTELDEUTSCHE ZEITUNG. 15. Jg., Nr. 106, S. 2.

MITTELDEUTSCHE ZEITUNG. 15. Jg., Nr. 108, S. 1.

PAFFENGOLZ, K.-N. u. P.D. Gamkrelidse (1963): Tektonik des Kaukasus. In: Geologischer Abriss des Kaukasus. hrsg. v. Geotektonischen Institut der Deutschen Akademie der Wissenschaften zu Berlin Heft 5/6. Berlin: Akademie Verlag. S. 172-234.

PAITSCHADSE, D. (1995): Bemerkungen zur Geschichte Georgiens bis 1921. In: Krisenherd Kaukasus. Uwe Halbach/Andrea Kappeler (Hrsg.). Baden-Baden: Nomos Verl. Ges., S. 52-62.

PIETZONKA, B. (1995): Ethnisch-territoriale Konflikte in Kaukasien. Eine politisch-geographische Systematisierung. Baden-Baden: Nomos Verl.-Ges.

RAU, J. (2002): Der Dagestan-Konflikt und die Terroranschläge von Moskau 1999. Ein Handbuch. Berlin: Köster. (Bewaffnete Konflikte nach dem Ende des Ost-West-Konfliktes; Bd. 10).

RUGE, R. (1996): Humanitäre Aspekte und Prävention von Konflikten im Transkaukasus. In: Lebens- und Konfliktraum Kaukasien. Eva Maria Auch (Hrsg.), Kiel: Edition Barkau, S. 190-209.

SOLJAN, S. (1995): Entstehungsgeschichte und aktuelle Probleme des Karabach-Konflikts. In: Krisenherd Kaukasus. Uwe Halbach/Andrea Kappeler (Hrsg.). Baden-Baden: Nomos Verl. Ges., S. 129-160.

SPIEGEL ALMANACH. (2000): Weltjahrbuch 2000. Die Staaten der Erde Hamburg: Spiegel-Buchverlag.

STADELBAUER, J.: Die Krisenregion Kaukasien: Geographische, ethnische und wirtschaftliche Grundlagen. In: Krisenherd Kaukasus. Uwe Halbach/Andrea Kappeler (Hrsg.). Baden-Baden: Nomos Verl. Ges., S. 13-51.

STEINBERGER, N. u. H. GÖSCHEL. (Hrsg.). (1979): Die Union der Sozialistischen Sowjetrepubliken. Ein Handbuch. 2.Aufl., Leipzig: VEB Bibliographisches Institut

SWIETOCHOWSKI, T. (1995): Der Streit um Berg-Karabach. Geographie, ethnische Gliederung und Kolonialismus. In: Krisenherd Kaukasus. Uwe Halbach/Andrea Kappeler (Hrsg.). Baden-Baden: Nomos Verl. Ges., S. 161-178.

TSCHERWONNAJA, S. (1995): Der ossetisch-inguschische Konflikt: Eine Fallstudie. In: Krisenherd Kaukasus. Uwe Halbach/Andrea Kappeler (Hrsg.). Baden-Baden: Nomos Verl. Ges., S. 245-262.

WAGENSOHN, T. (2000): Krieg in Tschetschenien. München: Hanns-Seidel-Stiftung e.V., Akademie für Politik und Zeitgeschehen.

WAGNER, C. (2000): Russlands Kriege in Tschetschenien: Politische Transformation und militärische Gewalt. Münster: LIT, (Studien zu Konflikt und Kooperation im Osten; Bd. 8).

WAGNER, H.-G. (1997): Erdöl und Erdgas in der Kaukasus-Kaspi-Region. In: Geographische Rundschau. 49. Jg., H. 6, S. 355-361.

WAHL, D. (1999): Lexikon der Völker Europas und des Kaukasus. Rostock: Meridian.

Weltatlas der alten Kulturen. (1984): Der Islam. 2. Aufl., München: Christian Verl.